ES

# RAPPORT

## SUR

# LA CULTURE DE LA VIGNE ET LA VINIFICATION

## DANS LA COTE-D'OR.

# AVIS.

Les personnes qui auraient à faire des observations tendant à combattre ou à compléter les solutions ci-après, ou qui auraient des renseignements à donner sur les questions relatives à la maladie de la vigne, sont priées de les adresser, sous le couvert de M. le Préfet, à M. Louis TARDY, secrétaire du Comité central d'Agriculture de la Côte-d'Or, demeurant à Dijon, rue Chancelier-Lhospital, en indiquant leurs noms et le lieu de leur domicile.

Pour donner au travail qui précède et au présent avis la publicité convenable, le Comité compte sur l'obligeance de MM. les Maires des communes où la vigne est cultivée.

# RAPPORT

SUR

# LA CULTURE DE LA VIGNE

## ET LA VINIFICATION

DANS LA COTE-D'OR,

Présenté, le 2 octobre 1853, au Comité central d'Agriculture de Dijon

**PAR M. GENRET-PERROTTE,**

ORGANE DE LA COMMISSION NOMMÉE A CET EFFET.

DIJON

PRESSES MÉCANIQUES DE LOIREAU-FEUCHOT

Place Saint-Jean, 1 et 3.

1854.

# RAPPORT

## LA CULTURE DE LA VIGNE ET LA VINIFICATION

### DANS LA COTE-D'OR,

Présenté, le 2 octobre 1853, au **Comité central d'Agriculture de Dijon**,
par **M. GENRET-PERROTTE**, organe de la Commission
nommée à cet effet (*a*).

———————♦———————

MESSIEURS,

Dans le but d'améliorer la culture de la vigne, si importante dans la Côte-d'Or, et pour connaître et propager les bonnes méthodes d'exploitation, vous avez voulu qu'un Questionnaire fût adressé à nos principales localités viticoles. Toutes n'ont pas déféré à votre appel, et, sur 46 qui ont été consultées, 25 seulement vous ont fait parvenir leurs réponses.
Ce sont :

1. Saint-Apollinaire.
2. Arcenant.
3. Brochon.
4. Chaignay.
5. Chenôve-lez-Dijon.
6. Comblanchien.'
7. Couchey.
8. Daix.
9. Dampierre-s.-Vingeanne.
10. Dijon.
11. Fixin.
12. Fontaine-lez-Dijon.
13. Gemeaux.
14. Gevrey-Chambertin.
15. Marsannay-la-Côte.
16. Pernand.
17. Plombières-lez-Dijon.
18. Reulle-Vergy.
19. Talant.
20. Villars-Fontaine.

Le cahier n° 21 a été fourni par M. Malnoury, membre du Comité.

---

(*a*) La Commission était composée de MM. Gaulin, président; Delarue, Joly, Lavalle, Malnoury, Méline, Pillot, Sené, Thibault, Truchetet, Vallot, Vergnette-Lamotte et Genret-Perrotte.

Enfin, les cahiers n°⁵ 22, 23, 24 et 25 ont été envoyés par des communes qui n'ont point indiqué leurs noms, et que les démarches faites, notamment à la Préfecture, n'ont pu faire découvrir (a).

La Commission, à laquelle vous avez confié le soin d'analyser ces réponses et de vous les faire connaître, me charge de vous présenter son travail.

Dans ce travail, la Commission a reproduit dans leur ordre toutes vos questions; et, à la suite de chacune d'elles, elle a placé la solution à laquelle elle s'est elle-même arrêtée et qu'elle vous propose d'adopter.

Chaque solution proposée est suivie du résumé des cahiers; cette analyse, même par les divergences d'opinions qu'elle signale sur certains points, vous fera reconnaître de plus en plus l'utilité de votre Questionnaire et de la détermination que vous avez prise de voir et de faire voir ce qui se pratique dans nos différents vignobles : car, en même temps que ces réponses mettront en évidence, pour tous, ce que de longues épreuves ont déjà consacré définitivement comme bon en matière de viticulture et de vinification, elles feront voir aussi de quel côté il faut aller combattre, par l'exemple, les mauvaises routines et certaines innovations que le succès n'a pas justifiées.

Toutefois, la Commission n'a pas cette prétention que son travail soit à l'abri de toute critique sérieuse; elle ne le regarde, au contraire, que comme une espèce d'introduction à une œuvre meilleure, que comme un premier pas dans une voie où chacun sera encore appelé à apporter le concours de son expérience et de ses lumières, et qui, par ce moyen, doit conduire infailliblement à l'amélioration générale de nos vignobles et de leurs riches produits.

(a) Il faut ajouter à ces vingt-cinq cahiers ceux de Chambolle et de Morey, qui, parvenus à la Commission avant que son travail ne fût complètement imprimé, seront rappelés dans les résumés ci-après, Chambolle sous le n° 26, et Morey sous le n° 27.

# CHAPITRE Ier.

## PRÉPARATION ET CHOIX DES CÉPAGES.

### § 1er. *Préparation des Plants.*

#### 1re Question.

Quel plant mérite la préférence pour le vin commun?

Réponse de la Commission. — Le *gamay* de *Mâlain* ou le *gamay* de *Gamay* pour le vin rouge; le plant de *Troyes* pour le vin blanc.

*Résumé des cahiers et observations (a).* — Sur vingt-sept cahiers de réponses, treize, pour les raisins noirs, ont répondu purement et simplement : Le gamay (nos 1, 4, 5, 9, 10, 15, 16, 17, 18, 19, 22, 23, 25); .

Six : Le *gamay* de *Mâlain* ( nos 3, 11, 13, 14, 26 et 27 );
Trois : Le *gamay* d'*Arcenant* ( nos 2, 7, 24 );
Un : Le plant de *Pernand* (no 8) (*b*) ;
Un : Le gros pineau ( no 21 );
Deux : Le *gamay* rond ou bâtard (nos 6, 20 );
Un : Le *gamay* franc (no 12).

Pour les raisins blancs, un s'est prononcé pour le melon blanc (no 9), un pour l'aligotay (no 16), et deux pour le plant de *Troyes* (nos 12, 14).

La Commission pense que le *gamay de Mâlain,* ou *gamay de Gamay,* est de tous les gros raisins noirs celui qui, tout en produisant beaucoup, mûrit le mieux, donne le vin le plus passable et qui se conserve le plus longtemps.

L'arcenant fournit encore plus en quantité, quand la saison est

---

(a) Le cahier de chaque répondant sera rappelé dans les résumés par le numéro d'ordre qui lui est donné en tête de ce Rapport.

(b) M. le docteur Morelot, dans sa Statistique, page 159, prétend que le plant connu près de Beaune sous les noms de plant de *Pernand* ou de plant d'Abraham, est le même que le plant de *Mâlain*.

favorable; en cas de gelée au printemps, il repousse plus de raisins, est moins sujet à couler; mais il mûrit plus difficilement, et le fruit encore vert est très-sujet à pourrir.

En blanc, le plant de *Troyes* mûrit plus facilement et pourrit moins que le melon.

## 2ᵉ Question.

Quel plant mérite la préférence pour le vin fin?

Réponse. — Le pineau ou noirien pour le vin rouge; pour le vin blanc, le chardenet ou pineau blanc.

*Résumé des cahiers.* — Sur vingt-sept cahiers, vingt-trois ont indiqué le pineau. Six de ceux-ci ont en outre indiqué le pineau blanc ou chardenet pour le vin blanc (nᵒˢ 12, 14, 15, 20, 25 et 26).

Quatre n'ont pas fourni de réponse (nᵒˢ 1, 13, 15, 17).

## 3ᵉ Question.

Quels sont les avantages et les inconvénients que présentent les diverses espèces de plants, soit sous le rapport de la quantité, soit sous le rapport de la qualité, et tant pour les vins rouges que pour les vins blancs?

Réponse. — Le *gamay* est plus productif, mais dure moins que le pineau; le produit du pineau est plus fin et se conserve plus longtemps.

*Résumé des cahiers.* — Voir les observations sur la 1ʳᵉ question.

## 4ᵉ Question.

Quel est le plus avantageux de planter en plants racineux ou en chapons?

Réponse. — En racineux. Quand ils sont placés avec soin et en écartant bien les racines, ils durent autant que les chapons. Ils ont l'avantage sur ceux-ci de reprendre plus sûrement, et de produire un an et même deux ans plus tôt.

On a remarqué que les racineux d'un an, bien repris, étaient préférables à ceux de deux ans pour la plantation.

*Résumé des cahiers et observations.* — Sur les vingt-sept cahiers, seize se sont prononcés d'une manière absolue pour les racineux (n<sup>os</sup> 1, 2, 4, 7, 8, 11, 12, 14, 15, 17, 22, 23, 24, 25, 26, 27);

Cinq d'une manière absolue pour les chapons (n<sup>os</sup> 6, 9, 13, 18, 20);

Les autres ont donné la préférence aux racineux pour la prompte reprise; mais aux chapons et crossettes pour la plus longue durée (n<sup>os</sup> 3, 5, 10, 16, 19, 21).

Deux membres de la Commission, en émettant ce dernier avis, sont convenus que pour leurs plantations particulières ils employaient toujours des racineux.

## 5<sup>e</sup> Question.

Combien faut-il employer de plants racineux, combien de chapons pour chaque ouvrée de 4 ares 28 centiares?

Réponse. — Moyennement, 600 racineux, 900 à 1,000 chapons par chaque 4 ares 28 centiares.

*Résumé des cahiers et observations.* — Sur cette question, les réponses contenues dans les cahiers ont différé beaucoup entre elles. Elles ont varié de 500 à 1,000 plants pour les racineux, de 700 à 2,000 pour les chapons ou taillures.

Si l'on plante moins de racineux que de chapons, c'est-à-dire si on les espace davantage, c'est parce que pour les racineux il y a, même quand la saison est sèche, à peu près certitude de reprise; si les chapons devaient reprendre comme les racineux, ce qui arrive quand l'année de plantation est humide, il va sans dire qu'il faudrait arracher tout ce qui dépasserait le nombre d'environ 600 par ouvrée.

## 6<sup>e</sup> Question.

Doit-on donner la préférence aux crossettes ou aux taillures?

Réponse. — Aux crossettes.

*Résumé des cahiers et observations.* — Sur les vingt-sept cahiers, vingt-deux ont donné la préférence aux crossettes, deux aux taillures (n<sup>os</sup> 18, 25), trois n'y font point de différence (n<sup>os</sup> 13, 15, 24).

Les crossettes sont préférables, à cause du bourrelet où naissent les racines-mères.

## 7ᵉ **Question.**

A quelle époque doit-on couper les plants ?

Réponse. — Au printemps, de préférence, si on veut les faire raciner en pépinière ; s'il s'agit de faire à demeure une plantation en taillures, il faut, autant que possible, couper les plants en automne, parce que les plantes en taillures qui ont le plus de chances de réussite sont celles qui sont faites en novembre et décembre.

*Résumé des cahiers et observations.* — Sur les vingt-sept cahiers, huit ont répondu : Avant l'hiver (nᵒˢ 1, 5, 7, 8, 12, 21, 22 et 23) ; douze : Après l'hiver (nᵒˢ 2, 3, 4, 11, 13, 14, 16, 17, 20, 24, 26 et 27) ; six : Du mois de novembre au mois de mars, ou de la disparition de la sève à son retour (nᵒˢ 9, 10, 15, 18, 19, 25) ; un a dit : En automne pour la vigne en coteau, au printemps pour la vigne en plaine (nᵒ 6) ; quatre ont ajouté que la coupe devait être faite en pleine lune (nᵒˢ 6, 10, 14, 19). La Commission, qui reconnaît que c'est là une croyance assez générale, ne voit pas sur quelles raisons elle s'appuie.

## 8ᵉ **Question.**

Le séjour dans l'eau ou en terre leur est-il favorable ?

Réponse. — Oui, soit qu'il s'agisse de les faire raciner en pépinière, soit qu'il s'agisse de les planter à demeure, il est bon de mettre le pied des plants pendant trois ou quatre jours dans l'eau.

*Résumé des cahiers.* — Sur les vingt-sept cahiers, vingt-trois ont dit qu'il fallait mettre les plants dans l'eau (nᵒˢ 1, 2, 3, 4, 5, 6, 8, 9, 10, 11, 12, 13, 14, 16, 18, 19, 20, 21, 22, 23, 24, 26 et 27). Il y a eu seulement quelques divergences sur le temps qu'ils devaient y rester : un dit deux jours (nᵒ 10) ; un, trois ou quatre (nᵒ 19) ; cinq disent quinze jours (nᵒˢ 3, 6, 11, 14 et 26) ; trois autres, huit (nᵒˢ 2, 5 et 27).

Un veut qu'on les mette dans l'eau à 25 centimètres de profondeur (nᵒ 20).

Deux ont prétendu que l'eau était plus nuisible qu'utile (nᵒˢ 7, 15).

Un a prétendu que le mieux c'était d'occuper le plant aussitôt qu'il était coupé, et que lorsque cela ne pouvait se faire, c'était plutôt dans la terre que dans l'eau que le plant devait être mis (n° 25).

Ceux qui ont condamné la mise des plants dans l'eau ont vanté comme très-bonne la nouvelle méthode qui consiste à enterrer complètement et profondément les paquets de taillures, jusqu'au mois de mai, époque de la mise en pépinière.

On a dit que cette dernière méthode ne pouvait être suivie que quand il s'agissait de pépinières; que quand il s'agissait de planter à demeure, il fallait toujours laisser séjourner les plants dans l'eau (n° 17).

Trois ont dit que les plants devaient être placés dans une eau courante (n°s 3, 11, 14).

Un, enfin, a dit que les plants placés en paquets dans la terre étaient sujets à s'éventer (n° 21).

### 9° Question.

Quelle est la saison la plus favorable pour la plantation?

RÉPONSE. — Novembre et décembre pour les terrains secs et les coteaux ; mars et avril pour les terres fortes.

*Résumé des cahiers.* — Sur les vingt-sept cahiers, six ont fait la réponse adoptée ci-dessus par la Commission (n°s 6, 7, 11, 14, 24 et 27).

Deux ont dit : En mars (n°s 1, 4); trois ont dit : Fin d'automne pour les chapons et les crossettes, en mars pour les racineux (n°s 5, 8, 12); un a dit : Automne ou printemps indifféremment (n° 19); un a dit : Du 1er décembre au 31 mars (n° 18); un autre : En décembre ou en février, en pleine lune (n° 9); un autre : Fin d'automne ou fin d'hiver, non en janvier (n° 21); trois autres : Fin d'automne, sans distinction (n°s 22, 23 et 25); un autre : Avant l'hiver (n° 15); trois autres : Du 15 février au 15 mars (n°s 2, 10, 17); trois : En mars ou avril (n°s 3, 13, 20); un autre : Après l'hiver (n° 16); un, enfin, a dit : Fin d'automne pour les terrains secs et les plants fins; mars et avril pour les gamays et les terres fortes (n° 26).

### 10° Question.

Existe-t-il des plants moins sujets à la coulure ?

RÉPONSE. — Le bureau ou beurot (pineau gris), le pineau blanc, le pineau appelé *rougin*, le plant d'*Arcenant*.

*Résumé des cahiers.* — Sur vingt-sept cahiers, un a fait la réponse adoptée ci-dessus par la Commission (n° 14). Un a dit : Le pineau et l'*arcenant* (n° 3); un autre : Les gros plants (n° 10); deux ont dit : Le *gamay* noir moins que le pineau noir (n°s 5, 12); un : Le *gamay* rond (n° 6) ; un autre : Le *gamay* dans les terres humides, et le pineau dans les terres sèches (n° 11) ; trois ont dit : Le *gamay* (n°s 4, 13 et 17); un : Le melon et le maillet (n° 9); trois : L'*arcenant* (n°s 2, 7 et 24); un a dit : Soit *gamay*, soit pineau, le moins sujet à la coulure est sans branches (n° 25); un autre a dit : Le moins sujet à la coulure est le bon grain (n° 23) ; un autre a indiqué le pineau comme le plus sujet à la coulure (n° 19); deux ont dit : Oui, sans indiquer de plants (n°s 16, 21 ); un autre a indiqué le gamay rond et le gros plant dit d'Arcenant ou de Bévy (n° 20).

Un autre : Pour les vignes fines, le pineau appelé *rougin;* pour les vignes communes, l'*arcenant* (n° 26); un autre. Le plant dru (n° 27).

Enfin, cinq n'ont pas fourni de réponse, ou ont dit qu'on n'avait rien observé à ce sujet (n°s 1, 8, 15, 18 et 22).

## 11ᵉ **Question.**

**Connaît-on des variétés de vignes tardives pour la pousse et hâtives pour la maturation du fruit ?**

RÉPONSE. — On n'en a point observé.

*Résumé des cahiers.* — Sur vingt-sept cahiers, dix ont répondu : Non (n°s 1, 2, 4, 9, 11, 13, 16, 17, 24, 27) ; trois ont dit : Le pineau (n°s 6, 12, 19); un autre a dit : La variété appelée *feuille ronde* (n° 22); un : Le chasselas ( n° 10 ); un : Le plant de juillet (n° 20); un : Les plants tant gamay que pineau, sans branches (n° 25) ; un : Oui, par le sol et la température (n° 5); un a dit : Oui, sans désignation (n° 21 ); un a dit : Le plant de juillet, sans être tardif pour la pousse, est hâtif pour la maturation ; il paraît qu'il ne produit pas un bon vin (n° 26); sept, enfin, n'ont point fourni de réponse ou n'ont point fait de remarques à ce sujet ( n°s 3, 7, 8, 14, 15, 18, 23).

## 12ᵉ **Question.**

**Parmi les espèces qui posséderaient ces qualités, les unes conviendraient-elles mieux à la plaine, d'autres mieux à la côte ?**

La réponse à la précédente question s'applique à celle-ci.

*Résumé des cahiers.* — Sur vingt-sept cahiers, dix-neuf n'ont fourni aucune réponse ou n'ont point fait de remarques (n°s 1, 2, 3, 4, 7, 8, 9, 11, 13, 14, 15, 16, 17, 18, 22, 23, 24, 26, 27); six ont dit : La plaine et le *gamay* pour la quantité, la côte et le pineau pour la qualité (n°s 5, 6, 10, 12, 19, 25); un a dit : La famille des pineaux, qui est tardive pour la pousse et hâtive pour la maturation, ne réussirait pas dans les terres profondes et argileuses (n° 21); un a dit : Le plant de juillet convient mieux à la côte (n° 20).

### 13e Question.

Quels sont les plants qui sont le plus sujets à se perdre par échamplure, c'est-à-dire par suite des gelées d'hiver ?

Réponse. — Tous les plants ; mais le gamay blanc et le gros teinturier surtout.

*Résumé des cahiers.* — Sur les vingt-sept cahiers, trois ont fait cette réponse : Tous les plants (n°s 14, 15, 25); un a dit que c'étaient les variétés dont le tuyau était le plus moëlleux (n° 21); un a dit : Le plant de Troyes (n° 4); un : Le *gamay* blanc et le teinturier (n° 10); un : Tous les plants dans les terrains aquatiques (n° 5); un : Les plantes plus que les vignes anciennes de plantation (n° 12); un : Tous les plants dans les sols humides et quand le bois n'est pas mûr (n° 11); un a dit que l'échamplure dépendait de la taille, et que tous les plants y étaient sujets (n° 7); un a dit : L'*arcenant* (n° 24); un autre prétend que l'échamplure est assez rare à Arcenant (n° 2); un : Le gros noirien (n° 16); un : Les plants gris (blancs) (n° 23); un : Le melon (n° 9); cinq : Le gamay (n°s 3, 6, 18, 19, 22); un a dit : Le gamay blanc (n° 26); un autre : On n'en connaît point; il faut chercher la cause dans la mauvaise exposition ou l'humidité du sol (n° 27); enfin, cinq n'ont fourni aucune réponse (n°s 1, 8, 13, 17, 20).

## § 2. *Préparation du Terrain.*

### 14e Question.

Quel est le meilleur mode de plantation à adopter ?

Réponse. — En bandeaux, ouverts, autant que possible, un peu à l'avance.

*Résumé des cahiers.* — Sur les vingt-sept cahiers, trois ont fait la réponse adoptée ci-dessus par la Commission (n⁰ˢ 4, 14, 19); quatorze ont dit : Par bandeaux (n⁰ˢ 1, 2, 5, 6, 8, 11, 12, 13, 16, 17, 20, 23, 26 et 27); quatre ont dit : Plantation d'un rang (n⁰ˢ 7, 9, 10, 25) ; un : Sur deux rangs (n⁰ 15); un a dit : En chapons (n⁰ 18) ; un a dit : Par bandeaux à plan incliné, pour éviter la rupture de la vigne, ce qui arrive quand le bandeau est creusé à pic (n⁰ 21) ; un autre a dit : Plants racineux, et planter sur trèfle, sainfoin et luzerne (n⁰ 24). Les autres n'ont pas fourni de réponse (n⁰ˢ 3, 22).

## 15ᵉ Question.

Doit-on planter sur un rang ou sur deux rangs, et quels sont les avantages et les inconvénients de l'une et de l'autre méthodes ?

Réponse. — L'usage est assez généralement de planter à un rang; cependant, ce qui devrait être préféré, c'est la méthode, encore nouvelle, qui consiste à planter à deux rangs, en donnant 66 cent. de largeur à la tranchée et autant à l'a-dos; dans ce mode, il y a une moindre dépense pour la culture, puisqu'il n'y a point de fosses à faire pendant les six ou huit premières années, et une grande avance pour le produit, puisque la vigne est peuplée de suite. Pour éviter l'enchevêtrement des racines, on a soin de mettre les plants de manière à ce qu'ils aient pour vis-à-vis le milieu de l'espace laissé entre les deux plants du rang opposé (a).

*Résumé des cahiers.* — Sur les vingt-sept cahiers, un a émis l'avis qui a été adopté par la Commission (n⁰ 14) ; douze se sont prononcés pour la plantation à un rang, parce qu'elle facilite le développement des racines et empêche leur enchevêtrement (n⁰ˢ 2, 3, 4, 5, 6, 7,

---

(a) Cette méthode ne doit, selon nous, être employée que pour les plantes de *gamay*, et dans les sols un peu riches ; car, pour que le terrain, qui est peuplé de suite, ne s'épuise pas, et pour faire durer la vigne, qu'on ne peut guère, dans ce cas, entretenir par le recouchage, il faut fumer en plantant, fumer dans la 2ᵉ ou 3ᵉ année, et fumer encore de temps en temps quand la plante est devenue vigne : ce qui ne serait pas sans inconvénient pour les vignes fines, comme on le verra dans la réponse à la 18ᵉ question.

*( Note du Rapporteur.)*

16, 18, 21, 22, 23, 24); quatre préfèrent la plantation à deux rangs, qui donne un plus grand produit ($n^{os}$ 1, 9, 10, 15); un dit qu'elle n'est pas encore suffisamment expérimentée ($n^o$ 11); quatre préfèrent celle-ci pour le produit, l'autre pour la durée de la vigne ($n^{os}$ 8, 12, 19, 25); cinq disent qu'il faut planter à deux rangs dans les terres fortes, et à un seul dans les terres légères ($n^{os}$ 13, 17, 20, 26 et 27).

## 16ᵉ Question.

Dans l'un et l'autre cas, quelle est la distance à observer entre les tranchées?

RÉPONSE. — 1 mètre d'ados, et 33 cent. de tranchée dans la plantation à un rang; dans la plantation à deux rangs, dont il vient d'être parlé, comme on a dit dans la réponse qui précède.

*Résumé des cahiers.* — Sur les vingt-sept cahiers, deux ont émis l'avis adopté par la Commission ($n^{os}$ 14, 26).

Sans distinguer, l'un a dit : $1^m$ 66 ($n^o$ 23); deux : $1^m$ 50 ($n^{os}$ 16 et 20); deux : $1^m$ 40 ($n^{os}$ 3, 8); deux : $1^m$ 33 ($n^{os}$ 15, 27); un : $1^m$ 30 ($n^o$ 5); un : $1^m$ 20 ($n^o$ 1); un : $1^m$ 10 ($n^o$ 9); deux : $1^m$ ($n^{os}$ 18 et 25); deux : $0^m$ 80 ($n^{os}$ 4, 17); un : de $1^m$ 30 à $1^m$ 40 ($n^o$ 6).

Un autre, à deux rangs, veut $0^m$ 80; à un rang, $1^m$ 00 ($n^o$ 19).

| Un autre, | id. | 0 | 66; | id. | 1 | 25 ($n^o$ 7). |
| Un autre, | id. | 1 | 65; | id. | 0 | 70 ($n^o$ 21). |
| Un autre, | id. | 1 | 60; | id. | 0 | 80 ($n^o$ 24). |
| Un autre, | id. | 0 | 60; | id. | 1 | 33 ($n^o$ 11). |
| Un autre, | id. | 1 | 50; | id. | 1 | 00 ($n^o$ 22). |
| Un autre, | id. | 1 | 20; | id. | 0 | 80 ($n^o$ 10). |
| Un autre, | id. | 1 | 15; | id. | 0 | 90 ($n^o$ 13). |
| Un autre, | id. | 1 | 16; | id. | 0 | 70 ($n^o$ 12). |

Un autre, enfin, dit : $1^m$ 55 pour un rang ($n^o$ 2).

## 17ᵉ Question.

Quelles sont, dans les deux cas, la profondeur et la largeur à donner aux tranchées?

RÉPONSE. — Généralement de 30 à 33 cent. de largeur, et

sauf ce qui est dit à la réponse sur la question 15. Autant en profondeur, quand le terrain le permet.

*Résumé des cahiers.* — Sur vingt-sept cahiers, un a fait la réponse ci-dessus, adoptée par la Commission (n° 14).

Un a dit : 20 cent. de largeur sur 30 (n° 18) ; un : 25 c. à 30 de largeur, de 10 c. à 15 au moins de profondeur (n° 21) ; un : 40 c. sur 30 de largeur dans les bons terrains, 26 c. sur 30 dans les mauvais (n° 4) ; un : 20 c. de profondeur sur 30 (n° 1) ; un : 40 c. de profondeur sur 25 (n° 16) ; un : 40 c. de profondeur sur 50 n° 22) ; deux : 40 c. sur 40 (n°s 5, 23) ; un : 50 c. (n° 25) ; un : 33 c. de profondeur sur 40 (n° 8) ; un : Sur un rang, $1^m$ 20 de largeur, $0^m40$ de profondeur ; sur deux rangs, $0^m60$ de largeur et même profondeur (n° 15) ; un : $0^m30$ de profondeur dans tous les cas ; $0^m40$ de largeur pour deux rangs ; $1^m$ pour un rang (n° 19) ; un : 30 c. de largeur sur 40 (n° 20) ; un : 25 c. de profondeur sur 80 (n° 17) ; un : 33 c. de largeur jusqu'à 50 de profondeur, quand cela est possible (n° 11) ; un : Largeur, 20 c.; profondeur pour la côte, 40 c.; pour la plaine, 33 c. (n° 6) ; un : Sur deux rangs, 66 c. de largeur sur 33; sur un rang, 33 c. sur 33 (n° 7) ; un : Sur deux rangs, 55 c. sur 35 de profondeur; 35 c. de largeur sur un rang (n° 9) ; un : 35 c. de profondeur sur 50 pour deux rangs ; 15 c. sur 32 de largeur pour un rang (n° 13) ; deux autres : Pour deux rangs, tranchée de 50 c. de largeur; pour un rang, de 30 à 35 c.; profondeur dans les deux cas, 30 à 35 c. (n°s 3, 10) ; un : Pour un rang, 25 c. de profondeur; largeur, 30 c.; sur deux rangs, même profondeur; largeur, 50 c. (n° 12) ; un : 30 c. sur 35 de profondeur pour un rang (n° 2) ; deux autres : 33 c. sur 40 de profondeur dans l'un et l'autre cas (n°s 24, 26) ; un autre, enfin : 25 c. de profondeur sur 28 de largeur (n° 27).

### 18° Question.

La direction des tranchées est-elle indifférente, et résulte-t-elle uniquement de l'inclinaison du terrain ?

RÉPONSE. — Dans les terrains inclinés il faut diriger les bandeaux dans le sens opposé à l'inclinaison, pour éviter l'entraînement des terres par l'effet des grandes pluies ; en plaine, il faut les diriger du levant au couchant, la racine au nord de la tranchée, la tige au midi : de cette manière, la racine est à l'ombre du cep.

*Résumé des cahiers.* — Sur les vingt-sept cahiers, deux ont fait la réponse ci-dessus, adoptée par la Commission (n^os 14, 26); quinze ont dit que les bandeaux devaient être dirigés en travers des pentes (n^os 2, 3, 4, 5, 6, 10, 11, 12, 13, 16, 17, 18, 19, 24, 25); trois ont dit qu'ils devaient être, autant que possible, dirigés du nord au sud (n^os 7, 8, 15); cinq sont d'avis que la direction est indifférente (n^os 1, 6, 20, 22, 23); trois, enfin, disent qu'il faut, autant que possible, diriger les tranchées du levant au couchant (n^os 9, 21, 27).

### 19^e Question.

Y a-t-il avantage à ouvrir les tranchées longtemps à l'avance?

RÉPONSE. — Oui, la terre est ameublie par ce moyen, et frappée des rayons du soleil; exposée aux influences atmosphériques, elle devient plus fertile.

*Résumé des cahiers.* — Sur les vingt-sept cahiers, deux ont fait la réponse ci-dessus, adoptée par la Commission (n^os 14, 26); quinze ont répondu affirmativement (n^os 1, 2, 3, 4, 5, 7, 8, 9, 10, 11, 12, 17, 18, 21, 23); cinq ont dit : Non (n^os 6, 22, 24, 25, 27); un a dit que cela serait avantageux à cause de l'influence atmosphérique, mais que cela serait impraticable à cause des éboulements (n° 15); un a dit que cela était indifférent (n° 20); un veut que les bandeaux soient ouverts deux mois d'avance (n° 13); un dit qu'il suffit de quelques jours (n° 16); un dit, enfin : Avant l'hiver (n° 19).

### 20^e Question.

Quelle doit être l'exposition du plant dans la tranchée?
Même réponse que sur la 18^e question.

*Résumé des cahiers.* — Sur les vingt-sept cahiers, deux ont fait la réponse qui vient d'être adoptée par la Commission (n^os 14, 26); un a dit : A un rang, le nord et le couchant (n° 10); deux ont dit : Le levant ou le midi (n^os 6, 12); trois : L'exposition est indifférente (n^os 11, 15, 18); un : On met le pied du plant à l'ouest, quand les tranchées sont du nord au midi (n° 5); un autre ajoute : Le pied au nord, quand les tranchées sont du levant au couchant (n° 7); un autre : Dans la plantation à un rang, au levant ou au nord, selon la direction de la tranchée (n° 13); deux autres : A l'opposé du midi, autant

2

que possible (n<sup>os</sup> 4, 9); trois autres : Au midi, autant que possible (n<sup>os</sup> 19, 23, 25); un autre : A l'inclinaison du terrain (n° 1); un autre : Au midi et au nord (n° 17); un autre : La racine au sud, le plant incliné au nord (n° 21); un autre : Du côté le plus élevé pour les terrains en pente; dans un lieu plain, le bout de la tige en terre doit être tourné au midi (n° 3); quatre ont dit : La racine se place dans le sens de l'inclinaison, et non pas en remontant (n<sup>os</sup> 2, 16, 20, 24); un a ajouté : En plaine, peu importe (n° 2); un autre : La tranchée courant du nord au midi, une moitié du plant est exposée à l'est, l'autre à l'ouest (n° 8); un autre : En terrain plain, les bandeaux dans la direction du levant au couchant, incliner les plants au nord; dans les pentes, les incliner en remontant; placer, dans les deux cas, les racines en éventail (n° 27); un n'a pas répondu (n° 22).

## 21ᵉ Question.

**Faut-il tailler immédiatement après la plantation?**

Réponse. — Il faut tailler avant le mouvement de la sève.

*Résumé des cahiers.* — Sur les vingt-sept cahiers, deux ont fait la réponse qui vient d'être adoptée par la Commission (n<sup>os</sup> 14, 26); quatre ont dit : Non (n<sup>os</sup> 1, 5, 17, 23); onze ont dit : Oui (n<sup>os</sup> 2, 3, 4, 6, 7, 8, 9, 11, 13, 18, 27); un a dit : Oui, quand c'est après l'hiver que la plantation est faite (n° 20); un autre : Non, dans le cas contraire (n° 21); trois ont dit : Au mois de mars (n<sup>os</sup> 12, 19, 22); un : Immédiatement ou après, indifféremment (n° 24); deux autres ont dit : Cela est indifférent, pourvu que ce soit avant le mouvement de la sève (n<sup>os</sup> 15, 25); enfin, deux ont dit : Au moment de la sève (n° 16); un de ceux-ci a ajouté : Pour retarder la pousse, afin que les plants souffrent moins longtemps en attendant la végétation de la racine (n° 10).

## 22ᵉ Question.

**La plantation à la broche est-elle une bonne méthode?**

Réponse. — Elle n'est pas en usage dans le pays, et, quoique peu connue, on la croit mauvaise.

*Résumé des cahiers.* — Sur vingt-sept, deux ont fourni une réponse semblable à celle ci-dessus (n<sup>os</sup> 14, 27); quinze ont répondu négativement (n<sup>os</sup> 1, 2, 5, 6, 7, 8, 9, 10, 11, 15, 17, 20, 24, 25, 27);

huit ont déclaré ne pas connaître cette méthode (n^{os} 3, 4, 13, 16, 18, 19, 22, 23); un a dit que cette méthode, qui évite le bandelage, peut réussir quand on a le soin de faire glisser dans le vide laissé par la broche des cendres ou d'autres matières à l'état de poussière (n° 21); un a dit que la plantation à la main était préférable (n° 12).

### 23° Question.

La plantation à la charrue est-elle une bonne méthode ?

Réponse. — Non, parce que la charrue ne creuse pas suffi-samment ni régulièrement.

*Résumé des cahiers.* — Douze ont répondu que ce mode de plan-tation était inconnu ou n'était pas en usage dans leurs localités (n^{os} 6, 8, 9, 13, 14, 15, 16, 19, 22, 23, 24, 26); neuf ont dit simple-ment : Non (n^{os} 1, 4, 10, 11, 17, 18, 20, 25, 27); un a dit : Expé-ditive, mais ne creuse pas suffisamment (n° 3); un : Expéditive, maié irrégulière (n° 21); un a dit : Expéditive (n° 7); un : Plus expéditive pour commencer, sauf à terminer à la pioche ou à la pelle (n° 25); un a dit : La plantation à la main est préférable (n° 12).

### 24° Question.

Quelle est la distance à observer entre les plants ?

Réponse. — De 50 à 66 centimètres, selon la qualité du sol et la nature des plants.

*Résumé des cahiers.* — Un a dit : A deux rangs, 50 c.; à un rang, 35 c. (n° 10); un a dit, comme la Commission : De 50 c. à 66 (n° 11); un autre : De 50 c. à 70 (n° 15); un autre : De 40 c. à 45 pour les racineux, de 20 à 22 pour les chapons (n° 6); un autre : Pour les plan-tes à un rang, 80 c. entre les racineux, 16 entre les taillures (n° 7); cinq, sans distinguer, ont dit : 50 c. (n^{os} 2, 8, 12, 24, 25); deux : 40 c. (n^{os} 1, 18); un autre : De 35 à 40 c. (n° 17); un autre : 25 c. pour les taillures (n° 13); deux autres : 25 c. pour les taillures, 50 pour les racineux (n^{os} 19, 20); un autre : 20 pour les taillures, 50 pour les racineux (n° 9), sauf à ôter moitié des taillures si toutes réussissent; deux ont dit : 33 c. (n^{os} 16, 22); un autre : 50 c. pour les racineux, 30 c. pour les chapons (n° 23); un autre : 45 c. pour les racineux, 30 c. pour les chapons (n° 4); un autre : De 65 c. à 70 (n° 21); un au-tre : En racineux, 60 c.; en chapons, 25 c. (n° 3); un a dit : De 66 c.

à 80 c., suivant la qualité du sol (n° 14); un autre a dit : Dans les bonnes terres, racineux 40 c., chapons 20 c. ; dans les terres inférieures, racineux 50 c., chapons 25 c. (n° 5); un autre : Pour les racineux, 66 c. ; pour les chapons, 30 c. ( n° 26); un autre, enfin : Pour les racineux, 50 c.; pour les chapons, 17 c. (n° 27).

### 25e Question.

La disposition d'un double rang dans le bandeau, disposition qui force les racines à se croiser, est-elle sans inconvénient?

RÉPONSE. — D'après la méthode indiquée dans la réponse à la question n° 15 ci-dessus, il n'y a point d'enchevêtrement, parce que l'on évite de mettre les plants d'un des rangs vis-à-vis les plants de l'autre.

*Résumé des cahiers.* — Un a fait la réponse ci-dessus, adoptée par la Commission (n° 14); dix-sept ont dit qu'il y avait inconvénient (n°s 2, 3, 4, 5, 6, 7, 11, 12, 16, 18, 19, 20, 21, 23, 24, 25, 27); les raisons données sont l'enchevêtrement des racines, l'épuisement du terrain, et la moindre durée de la vigne; huit ont déclaré le contraire (n°s 1, 8, 9, 10, 13, 15, 17, 22); un, enfin, a dit : On ne plante pas à double rang dans la localité ( n° 26).

---

## CHAPITRE II.

### CULTURE ET TAILLE.

#### § 1er. — *Culture.*

#### 26e Question.

Quels sont les soins que demandent les plantations pendant les trois premières années?

RÉPONSE. — Quatre labours par année, et par le beau temps. Ne pas toucher au plant pour la première année; de même pour la seconde, si ce n'est quand le plant est très-fort, auquel cas on le taille en tête ronde, ce qu'on ne fait ordinairement que la troisième année.

La pousse qui vient après la taille en tête ronde doit être attachée au paisseau par un lien, aussitôt qu'on peut craindre qu'elle ne soit brisée par le vent : c'est aussi après cette taille que commencent l'ébourgeonnement et l'empaissellement.

*Résumé des cahiers.* — Tous contiennent cette réponse, qu'il faut une bonne culture, c'est-à-dire de fréquents labours par le beau temps. Un parle de cinq coups (n° 19); un de quatre (n° 10); d'autres de trois (n°s 2, 4, 15, 17); un veut qu'on ébourgeonne aussitôt que la feuille paraît, et que l'on pince les plants fin de mai (n° 10); un autre veut qu'on taille à deux ans (n° 7); un ajoute : Seulement les racineux, mais les chapons à trois ans (n° 20); un autre dit qu'on doit empaisseler la troisième année (n° 9); un autre dit qu'on doit donner les mêmes soins et les mêmes façons qu'à une vieille vigne (n° 8); un autre recommande de tailler, ébourgeonner, et de ne laisser qu'une tige (n° 17).

## 27e Question.

Est-il avantageux de mettre des légumes ou des menues graines sur les plantes; et auxquels doit-on donner la préférence?

Réponse. — Le mieux est de ne mettre ni légumes, ni menues graines sur l'ados des plantes; et, si l'on en met, la préférence doit être donnée aux haricots à basses tiges.

*Résumé des cahiers.* — Dix-neuf cahiers ont dit qu'il était avantageux de ne rien mettre sur les plantes (n°s 2, 3, 4, 5, 7, 8, 9, 10, 11, 14, 15, 17, 19, 21, 22, 23, 24, 25, 26); onze de ceux-ci ont dit que si l'on y en met il faut préférer les haricots (n°s 2, 4, 8, 9, 10, 14, 15, 16, 17, 18, 22); trois donnent la préférence au maïs et à la betterave (n°s 1, 7, 11, 12); un autre ne voit point d'inconvénient à mettre des légumes sur les plantes (n° 13); un autre est du même avis pour la première année de plantation des vignes fines et pour les deux premières années de plantation en gamay; il ajoute que cela paie la culture (n° 27).

## 28ᵉ Question.

Combien la vigne doit-elle recevoir de façons ?

RÉPONSE. — Quatre.

*Résumé des cahiers.* — Quatorze ont répondu : Quatre (nᵒˢ 1, 3, 5, 7, 8, 10, 11, 12, 13, 14, 15, 17, 19, 21); et sur ces quatorze, cinq disent que cinq coups seraient préférables (nᵒˢ 10, 11, 12, 15, 17). Deux ont dit : Trois ou quatre coups (nᵒˢ 6, 27). Huit ont dit : Trois coups (nᵒˢ 9, 16, 18, 20, 22, 23, 24, 25). Un a dit : Trois ordinairement; quatre seraient préférables (nᵒ 2). Un : Trois coups de maille et deux de la main (nᵒ 4). Un autre, enfin, a dit : A Chambolle, on ne donne généralement que trois façons, la quatrième n'y est considérée comme bonne que quand elle est donnée en octobre ou novembre (nᵒ 26).

## 29ᵉ Question.

A quelles époques les façons doivent-elles être données?

RÉPONSE. — **Premier coup, du 15 mars au 15 avril; deuxième coup, avant la floraison; troisième coup, en juillet, après la floraison; quatrième coup, en août et même dans la première quinzaine de septembre, mais seulement jusqu'à l'époque où le raisin commence à varier généralement; quand on ne peut avant, le donner après la vendange.**

*Résumé des cahiers.* — Ceux qui veulent quatre coups sont presque tous d'avis qu'ils doivent être donnés ainsi : le 1ᵉʳ en mars ou avril, après la taille, forte culture; le 2ᵉ en mai, avant la fleur, forte culture; le 3ᵉ fin de juin ou commencement de juillet, après la fleur, culture plus légère; le 4ᵉ fin d'août ou commencement de septembre, avant la maturité et après le relevé du cep, culture légère.

Le cinquième labour, s'il avait lieu, serait fait après la vendange, en octobre ou novembre.

Les répondants ne demandant que trois labours veulent qu'ils aient lieu : les uns en avril, juin, fin de juillet ou commencement d'août; les autres en avril, en mai et fin de juillet ou août.

Dans un des cahiers, on lit ce qui suit : 1ʳᵉ façon, dite *renouveler*, culture profonde, de mars au 15 avril, l'état de l'atmosphère pouvant avancer ou reculer cette façon; 2ᵉ façon, dite *fessourer*, forte culture, fin d'avril ou courant de mai ; 3ᵉ façon, coup de moisson, culture plus légère, opérée après l'accolage ; éviter de la donner à l'instant de la grande floraison, pendant les heures de grande chaleur, parce que la poussière chaude qui s'attacherait au raisin le ferait couler ; 4ᵉ façon, dite *coup de vendange,* doit être donnée après le relevé du cep en faisceaux, et avant que le raisin ne soit en maturité (n° 21) (*a*).

### 30ᵉ Question.

Doit-on tenir compte, pour donner ces façons, de la température et de l'état de l'atmosphère ?

Réponse. — On doit éviter de remuer la terre par les temps humides, les gelées blanches et les rosées froides.

*Résumé des cahiers.* — Presque tous se sont prononcés dans le sens de la réponse ci-dessus, adoptée par la Commission ; un seul a dit qu'il ne fallait tenir compte que de la pluie, le travail étant toujours pressant (n° 8).

Un a dit : Il faut travailler par le beau temps, mais lorsque la terre est encore un peu fraîche (n° 22) ; huit veulent qu'elle soit le moins mouillée possible (n°ˢ 2, 6, 9, 10, 11, 15, 19, 24) ; un a dit : Par le beau temps, surtout pour la deuxième façon (n° 16).

### 31ᵉ Question.

Doit-on ébrousser la vigne, et à quelle époque cette opération est-elle nécessaire ?

Réponse. — Oui, et aussitôt que la vigne a poussé assez pour que l'on puisse distinguer le raisin et la fausse pousse.

*Résumé des cahiers.* — Réponse unanime en faveur de l'ébrous-

---

(*a*) A moins que la saison d'été ne soit humide et ne favorise, d'une manière exceptionnelle, la croissance des mauvaises herbes, on peut, avec trois façons raisonnablement distancées et exécutées par un beau temps, tenir une vigne en bon état de culture. Cependant, et même quand l'année a été très-sèche, une quatrième façon en octobre ou novembre, en même temps qu'elle prépare bien la terre et rend le labour du printemps beaucoup plus facile pour le vigneron, donne aux vignes une force incontestable ; et celles qui sont ainsi cultivées, ordinairement se distinguent toujours, au milieu des autres, par une feuille plus verte et un meilleur bois.

(*Note du Rapporteur.*)

sement ou ébourgeonnement. Le moment indiqué dans la réponse ci-dessus de la Commission, pour faire cette opération, est aussi désigné généralement par les répondants. Un ajoute : *Pas plus tard, pour éviter une perte de sève* ( n° 21 ); un autre dit que cette opération peut être faite *du développement du raisin à la récolte* (n° 25) : ce qui ne veut pas dire, sans doute, qu'on ne ferait pas mieux d'ébrousser aussitôt que l'opération est praticable ; un a dit : Lorsque les tiges ont de 25 à 40 c. (n° 2) ; un , enfin, a dit : En mai ; juin pour les années tardives (n° 27).

### 32° Question.

A quelle époque doit-on rogner la vigne, et cette opération doit-elle avoir lieu ?

RÉPONSE. — Cette opération doit avoir lieu pendant la floraison (a).

*Résumé des cahiers.* — Sur vingt-sept répondants, presque tous sont d'avis que l'opération doit avoir lieu ; un seul est d'avis qu'elle n'est d'aucune utilité, et qu'elle ne sert qu'à rendre le cep plus propre ( n° 7 ) ; un autre dit qu'elle n'est utile qu'autant que la vigne a trop de bois ( n° 20).

Quant à l'époque de l'opération, trois sont de l'avis adopté par la Commission ( n°s 12, 14, 21 ) ; deux : Du 1er au 15 juillet (n°s 4, 22) ; six : Fin de juin ou commencement de juillet (n°s 1, 3, 8, 13, 17, 18) ; neuf : Lorsque la fleur est passée (n°s 5, 6, 10, 11, 16, 19, 20, 23, 24) ; un : Dans la huitaine qui suit la floraison moyenne (n° 27) ; un : Aussitôt que la vigne est attachée (n° 25) ; un : Au 15 juillet (n° 9) ; un : A l'époque la plus voisine de la fleur, surtout quand la coulure est à craindre (n° 15) ; un : Quand la vigne a une hauteur de 1m60 (n°2) ; un, enfin, dit : Le terrain de Chambolle étant léger et la pousse peu forte, cette opération ne se pratique pas, en général, dans les vignes fines ; on rogne dans les gamays après la floraison ( n° 26 ).

### 33° Question.

A quelle époque faut-il attacher la vigne ?

(a) Après le mouvement de la sève d'août, on est dans l'usage, à la *Côte*, de rogner encore ou étêter le cep, pour donner de la force au raisin.

( *Note du Rapporteur.* )

Réponse. — Lorsque la vigne a atteint assez de hauteur, et qu'on peut craindre qu'elle ne soit abattue par le vent (a).

*Résumé des cahiers.* — Un répondant a dit : Un peu avant la floraison (n° 10); deux : Lorsque la floraison commence (n°⁵ 6, 16); quatre : Pendant la fleur (n°⁵ 20, 24, 25, 27); cinq : Dans le mois de juin (n°⁵ 4, 7, 9, 13, 23); trois : Dans les premiers jours de juillet (n°⁵ 1, 18, 22); trois ont fait la réponse adoptée par la Commission (n°⁵ 14, 17, 26); un a dit : Dans les premiers jours de juin, et encore au mois d'août pour favoriser la maturation (n° 8); un autre a dit : Il faut deux accolages : un premier pour les tiges avancées, qui pourraient être brisées par le vent; un second, plus général, un peu avant la fleur (n° 21); enfin, un autre a dit : Quand il n'y a pas danger de rompre les jeunes pampres (n° 15); d'autres : Quand la vigne a atteint une hauteur suffisante (n°⁵ 2, 3, 5, 11, 12); lorsqu'elle a 60 c. de hauteur (n° 12); 1 mètre (n° 2); 35 à 40 c. (n° 19).

### 34ᵉ Question.

Le recouchage est-il indispensable, et quels seraient les moyens de supprimer ce détail dispendieux?

Réponse. — Indispensable, si l'on veut conserver la vigne.

*Résumé des cahiers.* — Vingt-trois sur vingt-sept disent que le recouchage est indispensable (n°⁵ 2, 3, 5, 6, 7, 8, 9, 10, 11, 12, 13, 14, 16, 18, 19, 20, 21, 22, 23, 24, 25, 26, 27); un dit que, pour le suppléer, il faut tailler court et fumer (n° 12); un répondant dit, sans autre explication, que dans sa localité on ne recouche pas (n° 1); un autre : Peu (n° 17); un autre ajoute qu'il faut vingt à vingt-cinq provins annuellement par chaque 4 ares 28 centiares (n° 6); un autre dit que sans recouchage, la vigne n'existe que vingt ans (n° 10); un dit qu'il n'y aurait moyen de remplacer le recouchage que par les racineux (n° 4); un demande s'il ne pourrait pas être suppléé par le recepage (n° 15).

(a) A la *Côte*, l'usage est d'attacher la vigne en plantant les paisseaux; de l'attacher de nouveau un peu avant la floraison, et lorsque la tige atteint la hauteur de 50 à 60 centimètres, ce qu'on appelle l'*accolement*; de la relever et attacher encore après le mouvement de la sève d'août et après l'époque des grandes chaleurs, pour donner de l'air et du soleil au fruit et favoriser sa maturation.                    (*Note du Rapporteur.*)

### 35ᵉ Question.

En pratiquant le recouchage, doit-on donner la préférence aux grandes fosses ou aux provins?

Réponse. — En général, les provins sont préférables ; mais souvent on doit employer les fosses, notamment pour les vieilles vignes.

*Résumé des cahiers.* — Un répondant a fait la réponse adoptée par la Commission (nᵒ 14) ; dix se sont prononcés pour les grandes fosses (nᵒˢ 3, 4, 5, 7, 9, 10, 11, 12, 19, 22) ; seulement, un de ces dix a dit que les provins convenaient mieux dans les terres basses et humides (nᵒ 3) ; douze ont donné la préférence aux provins (nᵒˢ 2, 6, 8, 13, 15, 16, 18, 20, 21, 23, 24, 25) ; l'un de ceux-ci a donné ces raisons : les grandes fosses creusées verticalement entre deux rangs jumeaux sapent les racines-mères du rang opposé et déchaussent les ceps ; les provins, au contraire, peuplent promptement sans les inconvénients dont il vient d'être parlé (nᵒ 21) ; un dit : Les deux sont bons : terrains maigres, petits provins ; terrains forts, grands provins (nᵒ 27) ; un autre : Les deux sont bons, selon l'âge de la vigne et la nature du terrain : dans les terrains humides, on évite les grandes fosses, qui retiennent l'eau ; dans les terrains légers, cet inconvénient n'existe pas, et les fosses sont très-utilement pratiquées dans les vieilles vignes, en ce que, par ce moyen, la terre est cultivée profondément (nᵒ 26) ; deux autres, enfin, n'ont fait aucune réponse (nᵒˢ 1, 17).

### 36ᵉ Question.

Quelles sont les dimensions, en longueur, largeur et profondeur, à donner soit aux grandes fosses, soit aux provins?

Réponse. — La longueur d'une fosse dépend du nombre de ceps que l'on a à y recoucher : généralement elle est de 1 m. 50 c. ; la largeur, de 60 c. La profondeur dépend, dans les fosses et dans les provins, de la qualité et de l'épaisseur du sol et du sous-sol. Les provins doivent être de deux ou de quatre saillies. La forme triangulaire est vicieuse, en ce que l'on fait trois saillies avec un seul cep.

*Résumé des cahiers.* — Autant de répondants, autant d'avis. D'après les réponses, la longueur des fosses varie de 1ᵐ à 2ᵐ ; la largeur, de 0ᵐ40 à 0ᵐ80 ; la profondeur, de 0ᵐ20 à 0ᵐ60.

Un des répondants a fait la réponse adoptée par la Commission (n° 14) ; un autre a dit : La dimension des fosses doit varier de manière que les nouveaux ceps soient entre eux, et par rapport aux anciens, à une distance de 40 à 50 centimètres (n° 6) ; un dit que la profondeur des fosses et provins ne doit pas dépasser 40 c. (n° 26) ; un indique pour les provins la forme triangulaire (n° 9) ; deux n'ont fourni aucune réponse (n°ˢ 1, 17).

### 37ᵉ Question.

**A quelle époque le recouchage doit-il être pratiqué ?**

Réponse. — De novembre en mai, excepté par les temps de neige et de gelée.

*Résumé des cahiers.* — Quatre émettent l'opinion adoptée par la Commission (n°ˢ 3, 11, 14, 16) ; deux ont dit : Depuis février à la première quinzaine d'avril (n°ˢ 5, 10) ; deux : En février ou mars (n°ˢ 12, 20) ; un : En février, mars et avril (n° 6) ; trois : En mars (n°ˢ 4, 18, 22) ; cinq : En mars et avril (n°ˢ 2, 8, 13, 24, 27) ; un dit : En mars et avril de préférence; néanmoins, le recouchage peut être pratiqué dès le mois de novembre, excepté par la neige et la gelée; en mars et avril, il faut éviter la pluie (n° 26) ; deux : Du commencement à la fin de l'hiver (n°ˢ 9, 15) ; un : Avant la pousse (n° 25) ; un : En avril (n° 13) ; un : A cinq ans (n° 7) ; deux : Au printemps (n°ˢ 19, 21) ; deux n'ont point fait de réponse (n°ˢ 1, 17).

### 38ᵉ Question.

**Est-ce une bonne méthode de rabattre à deux ans la vigne nouvellement plantée, et de la receper entre deux terres ?**

Réponse. — Oui, c'est une bonne méthod de rabattre à deux ans, mais pas de receper entre deux terres. On doit receper hors de terre et en laissant un œil.

*Résumé des cahiers.* — Point de réponse de la part de quatre localités où la méthode est inconnue (n°ˢ 1, 9, 15, 16) ; huit répondent négativement (n°ˢ 2, 8, 13, 17, 18, 22, 23, 27) ; un de ceux-ci ajoute : Ici on pratique l'étronçonnage la deuxième année (n° 27) ;

un autre dit : A Chambolle, on n'a pas coutume de rabattre ; mais il vaut mieux receper hors de terre ( n° 26 ) ; deux ont répondu : Oui, sans réserve ( n°s 12, 25 ) ; un dit : Oui, mais à trois ans ( n° 19 ) ; un autre a dit : Oui, mais à quatre ans ( n° 4 ) ; sept autres ont dit que c'était bien de rabattre, mais non de couper entre deux terres ( n°s 3, 5, 6, 7, 10, 14, 20 ) ; trois ont ajouté : On recèpe hors de terre en laissant un œil dehors ( n°s 5, 14, 20 ).

Un a dit que cette méthode avait pour effet de faire produire en terre une tige vigoureuse, mais qu'elle pouvait avoir un inconvénient qu'on va rappeler dans le résumé de la question suivante ( n° 21 ) ; un a dit : Receper à deux ans, ne rabattre qu'à trois ( n° 24 ) ; un autre a dit : Il faut rabattre les jeunes tailles hors de terre et près de terre, sans toucher au plançon ( n° 11 ).

## 39ᵉ Question.

Ne s'expose-t-on pas, par ce moyen, à relever la vigne sur une pousse non fructifère ?

Réponse. — Non, en n'adoptant pas le recepage entre deux terres, et en laissant un œil dehors.

*Résumé des cahiers.* — Douze ont répondu : Oui, si le recepage est fait entre deux terres ( n°s 2, 6, 7, 8, 10, 12, 14, 18, 22, 23, 26, 27 ) ; sur ces douze, deux ont dit : Pour l'année seulement ( n°s 6, 12 ).

Trois ont répondu simplement : Non ( n°s 19, 24, 25 ) ; trois ont ajouté : Non, si on laisse un œil dehors ( n°s 5, 14, 20 ) ; un : Non, si on recèpe à 10 centimètres de terre, et si l'on a soin de dégorger le pied en coupant toutes les racines qui se trouvent au collet ( n° 3 ) ; huit n'ont fourni aucune réponse ( n°s 1, 4, 9, 11, 13, 15, 16, 17 ).

Un a dit : Quand on recèpe entre deux terres, beaucoup d'yeux latents se développent lors de la végétation, dont plusieurs avec le signe de dégénérescence, qu'il faudrait remarquer soigneusement pour leur préférer une tige fructifère, qui est facile à reconnaître à la feuille, plus ou moins pleine, selon les variétés, mais très-distincte entre les autres de la même variété, tandis que dans la tige dégénérée la feuille est beaucoup plus échancrée que la feuille de l'espèce franche ( n° 21 ).

## § II. — *Taille.*

### 40ᵉ Question.

A quelle époque la vigne doit-elle être taillée ?

Réponse. — Au printemps, après les gelées et avant la sève (a).

*Résumé des cahiers.* — Un a dit : La taille est bonne avant, après, et même pendant l'hiver, quand la gelée n'arrive qu'après la cicatrisation de la plaie (n° 21); un autre a fait la réponse adoptée par la Commission (n° 14); huit ont répondu : En mars (nᵒˢ 1, 11, 13, 17, 18, 20, 22, 25); un : En février (n° 4); six ont dit : En février et mars (nᵒˢ 3, 5, 7, 16, 23, 24); deux autres : En mars et avril (nᵒˢ 8, 27); deux autres : Au printemps (nᵒˢ 19, 26); deux : Dans la pleine lune de mars (nᵒˢ 9, 12); un : Dans la pleine lune de février (n° 10); un : Avant la pousse (n° 15); deux autres, enfin, ont dit : En février, mars et avril (nᵒˢ 2, 6).

### 41ᵉ Question.

Combien doit-on laisser de jets ou de crochets sur chaque pied ?

Réponse. — Un seul pour le plant fin ; deux au plus pour le gamay.

*Résumé des cahiers.* — Deux ont fait la réponse adoptée ci-dessus par la Commission (nᵒˢ 14, 26); six ont dit : Deux ou trois (nᵒˢ 4, 9, 13, 17, 19, 22); trois : Un seul (nᵒˢ 3, 11, 20); deux autres : Un

---

(a) Depuis les froids si rigoureux de 1829, à la suite desquels tant de vignes ont dû être arrachées, les vignerons de certaines localités se sont abstenus généralement de tailler avant l'hiver ; mais presque tous élaguent le cep, de manière à ne laisser que la tige qu'ils destinent à la récolte de l'année suivante et qu'ils se réservent de ne tailler qu'au printemps. S'ils agissent ainsi, ce n'est pas pour avoir le bois d'élagage, qu'ils auraient toujours un peu plus tard; c'est pour *s'avancer* dans leurs travaux.

Cet élagage, suivant nous, peut avoir de graves inconvénients : l'ouverture faite par la serpette au bois restant doit rendre l'intérieur de ce bois plus accessible à la gelée, surtout si elle arrive avant la complète cicatrisation de la plaie. D'un autre côté, on enlève des tiges qui auraient pu échapper *à l'action* du froid, et qu'on ne retrouvera plus si la tige conservée a été frappée par l'échamplure. (*Note du Rapporteur.*)

seul, deux par exception (n⁰ˢ 2, 6); deux autres ont dit : Un ou deux (n⁰ˢ 18, 24); un autre : Deux moyennement (n⁰ 1); deux autres : Un seul dans le noirien, deux ou trois dans le *gamay* (n⁰ˢ 12, 23); un autre : Un ou deux dans les terres légères; en terre forte, trois ou quatre rejets ayant au plus deux ou trois boutons (n⁰ 8); un autre : Deux dans le pineau, deux ou trois dans le *gamay*, selon la force (n⁰ 5); un autre : Deux pour le *gamay*, dont l'un à trois, l'autre a deux nœuds (n⁰ 10); un autre a dit : Quand le sujet est fertile, de deux à trois jets; quand le sujet est vigoureux sans être fertile, de trois à six jets (n⁰ 21); quatre autres, sans rien déterminer, ont dit : Selon la force du sujet (n⁰ˢ 5, 15, 16, 27); un de ceux-ci a ajouté : A Morey, un seul jet (n⁰ 27); un autre, enfin : Un seul jet, sans crochet (n⁰ 7).

### 42ᵉ Question.

A combien de nœuds doit-on tailler?

Réponse. — **A trois pour le plant fin, généralement; à deux pour le *gamay*.**

*Résumé des cahiers.* — Un a fait la réponse adoptée ci-dessus par la Commission (n⁰ 14). Cinq ont répondu : A deux ou trois nœuds (n⁰ˢ 4, 8, 20, 22, 24). Un autre a dit, sans rien déterminer : Selon la force des jets (n⁰ 16). Un autre a dit : A deux nœuds dans le *gamay*, à trois dans le noirien (n⁰ˢ 11, 23). Trois autres : A deux dans le *gamay*, à trois ou quatre dans le noirien, selon la force (n⁰ˢ 5, 6, 12). Un autre : A deux ou trois dans le *gamay*, à trois ou quatre dans le noirien (n⁰ 25). Un autre a dit : A quatre nœuds, terme moyen (n⁰ 9). Trois ont dit : A deux nœuds (n⁰ˢ 7, 17, 19). Quatre autres ont dit : A trois nœuds (n⁰ˢ 1, 2, 13, 18). Un autre : A un ou deux nœuds, rarement à trois (n⁰ 15). Un autre : En *arcenant*, à deux nœuds; en *mâlain*, à trois; en noirien, à quatre (n⁰ 3). Un autre a dit : A un ou deux nœuds pour les gros plants, à deux ou trois pour les plants fins (n⁰ 21). Un a dit : Pour les plants fins, quand ils sont forts, laisser deux jets; en tailler un à trois, l'autre à quatre nœuds (n⁰ 10). Un autre : Deux ou trois, selon la vigne (n⁰ 26). Un autre, enfin, a dit : Vigne faible, un nœud; vigne d'une force moyenne, deux nœuds; vigne forte, trois nœuds (n⁰ 27).

### 43ᵉ Question.

Y a-t-il avantage à greffer la vigne? comment et dans quelle saison cette opération doit-elle être pratiquée?

RÉPONSE. — La greffe est rarement pratiquée dans nos contrées : ceux qui l'emploient greffent en sifflet et au commencement de la grande sève, c'est-à-dire dans la première quinzaine de mai ordinairement (a).

*Résumé des cahiers.* — Treize ont dit que l'opération était inconnue ou non pratiquée dans leurs localités (nᵒˢ 1, 2, 3, 4, 5, 9, 10, 13, 15, 17, 18, 19, 23). Cinq, qu'elle n'était pas avantageuse (nᵒˢ 6, 7, 8, 16, 20). Sur neuf qui ont répondu affirmativement, cinq ont dit que l'opération se faisait au moment où la sève s'épuisait et par la greffe en sifflet (nᵒˢ 12, 14, 21, 22, 25). Deux ont dit que l'opération devait être faite quand la vigne commençait à pousser (nᵒˢ 11, 24). Un a dit : On fait cette opération au commencement de la grande sève, et quand le raisin blanc domine trop (nᵒ 26). Un autre, enfin, a dit : On peut greffer, mais une nouvelle plantation est préférable (nᵒ 27).

### 44ᵉ Question.

Quel est l'instrument préférable pour la taille de la vigne ? Peut-on employer indifféremment la serpette ou le sécateur ?

RÉPONSE. — La serpette est généralement préférable : avec elle, on fait tout ce que l'on fait avec le sécateur, et l'on ne fait pas avec le sécateur tout ce qu'on fait avec la serpette, qui est le seul bon instrument pour bien nettoyer le pied du cep. Le sécateur est plus expéditif et convient principalement pour la taille.

*Résumé des cahiers.* — Trois ont fait la réponse adoptée par la Commission (nᵒˢ 14, 15, 21). Deux ont dit que l'on pouvait faire indifféremment l'emploi de l'un ou de l'autre des instruments (nᵒˢ 9, 13). Les autres ont donné la préférence à la serpette (nᵒˢ 1, 2, 3, 4, 5, 6, 7, 8, 10, 11, 12, 16, 17, 18, 19, 20, 22, 23, 24, 25). Deux, enfin, ont dit que dans leurs localités on ne se servait que de la serpette (nᵒˢ 26, 27).

### 45ᵉ Question.

Que pense-t-on de la méthode de l'abbé Cornesse, qui con-

---

(a) Cette opération ne convient guère que dans les vignes fines, où, tout en remplaçant les raisins blancs ou les mauvais plants par des noiriens, on tient à conserver les vieux ceps, qui, justement parce qu'ils n'ont pas beaucoup de vigueur, donnent de meilleurs vins. (*Note du Rapporteur.*)

siste à pincer chaque taille à quelques centimètres au-dessus du raisin, et à renouveler ce pincement chaque fois qu'il naît de nouveaux bourgeons dans l'aisselle des feuilles?

RÉPONSE. — Des essais assez rares, mais suivis avec soin pendant trois années consécutives, ont été faits dans nos localités d'après cette méthode; les résultats n'ont pas été favorables, et l'on pense généralement qu'elle est mauvaise.

*Résumé des cahiers.* — Un des répondants revendique pour lui la priorité de l'invention, et prétend avoir pratiqué la méthode dès 1829. Il ajoute que cette méthode est bonne; mais que, par l'abus, elle peut devenir destructive et énervante pour la vigne (n° 21).

Dix répondants déclarent ne pas connaître la méthode dont il s'agit (n°s 1, 2, 4, 6, 11, 13, 20, 23, 24, 27). Trois la trouvent très-bonne (n°s 4, 7, 17). Un autre, qui est de leur avis au fond, dit qu'elle prend trop de temps (n° 8). Cinq autres la déclarent mauvaise (n°s 5, 12, 14, 15, 18). Un autre, impossible à pratiquer (n° 16). Un autre dit qu'elle a l'inconvénient de faire pousser trop tôt le bouton de l'année suivante, en même temps qu'elle empêche de distinguer les meilleures tiges de cette même année suivante (n° 9). Un autre la croit bonne aux jeunes vignes de plant fin (n° 19). Un autre dit que, par elle, la sève est trop contrariée, et que la vigne se rabougrit et périt (n° 10). Un autre dit qu'il ne faut pas laisser le raisin à nu (n° 25). Deux, enfin, n'ont point fourni de réponse (n°s 22, 26).

# CHAPITRE III.

## PAISSELAGE.

### 46e Question.

Le paisselage est-il indispensable, et quels seraient les moyens d'y suppléer?

RÉPONSE. — La vigne doit être supportée, tant sous le rapport de la bonne végétation que sous celui de la maturation du raisin : le paisselage est indispensable, surtout pour les vignes fines, et jusqu'à présent on ne connaît ici aucun moyen de le remplacer d'une manière satisfaisante.

*Résumé des cahiers.* — Vingt répondants déclarent que le paisselage est indispensable (nᵒˢ 1, 2, 3, 5, 7, 8, 9, 10, 13, 14, 16, 17, 18, 19, 20, 23, 24, 25, 26, 27). Neuf d'entre eux ajoutent qu'ils ne connaissent aucun moyen d'y suppléer (nᵒˢ 1, 2, 3, 7, 8, 17, 19, 23, 24). Un autre ne croit le paisselage indispensable que pour les vignes fines (nᵒ 4). Un autre pense qu'on pourrait y suppléer jusqu'à un certain point, en élevant la vigne en pied à la hauteur de 20 centimètres hors de terre, puis taillant à deux nœuds, et en laissant deux ou trois crochets ; cependant, ajoute-t-il, le paisselage est préférable, surtout pour le pineau (nᵒ 12). Un autre dit qu'on pourrait éviter le paisselage dans quelques terrains, en liant ensemble trois pieds (nᵒ 22). Un autre dit : Le paisselage est indispensable aux jeunes plants et très-utile pour toute la durée de la vigne ; l'échalas est le tuteur du cep : il évite ses écarts et son affaissement sur le sol, donne de l'air et du soleil autour du cep, empêche les raisins de porter à terre. On y suppléerait au moyen du pincement *réitéré et scientifiquement opéré* ; mais cette opération exigerait trop de soins et trop de temps pour qu'on pût obtenir qu'elle fût faite convenablement par les vignerons en général (nᵒ 21). Un dit que les fils de fer ont de nombreux inconvénients (nᵒ 11). Un dit que ce moyen n'a pas été suffisamment expérimenté pour être bien jugé (nᵒ 26). Un autre dit : Le paisselage est ruineux, mais indispensable dans les terrains riches ; celui qui trouvera un moyen d'y suppléer rendra aux vignerons un service signalé (nᵒ 15).

### 47ᵉ Question.

A quelle époque doit-on planter les paisseaux ?

Réponse. — Après le premier labour, à mesure qu'il est exécuté, et autant que possible avant que la végétation ne se montre, pour ne pas faire tomber le bouton.

*Résumé des cahiers.* — Huit ont dit : Après la première façon (nᵒˢ 1, 3, 12, 16, 17, 19, 20, 26). Six : Avant les premiers mouvements de la végétation (nᵒˢ 2, 10, 11, 14, 15, 21). Un : En mars, avril et mai (nᵒ 6). Six : En mars et avril (nᵒˢ 5, 7, 9, 13, 18, 24). Quatre : En avril (nᵒˢ 4, 8, 22, 23). Un : En mars (nᵒ 25). Un enfin : En avril, sauf, dans les années tardives, à continuer en mai (nᵒ 27).

# CHAPITRE IV.

## ENGRAIS.

### 48° Question.

Est-il avantageux de fumer la vigne? Quels sont les avantages et les inconvénients que peut présenter la fumure?

RÉPONSE. — Il est avantageux de fumer les vignes de gros plants, parce que là le principal but qu'on se propose c'est la quantité du produit; il y aurait inconvénient à fumer les vignes fines, attendu que par la quantité plus grande du vin on serait loin de compenser la perte que l'on éprouverait sous le rapport de la qualité. On ne doit donc, dans les vignes fines, employer le fumier que par exception, et pour le cas seulement où, étant malades ou épuisées, ces vignes, sans engrais pour les remonter, seraient à arracher.

On ne regarde pas comme fumier ou engrais la *gêne* ou marc de raisins brûlé, qui convient à toutes les vignes, même aux grands crûs.

*Résumé des cahiers.* — Trois ont fait la réponse ci-dessus, adoptée par la Commission (n°ˢ 14, 26, 27). Deux déclarent purement et simplement qu'il est avantageux et même indispensable de fumer la vigne (n°ˢ 13, 24). Six, qui sont du même avis, reconnaissent que de la fumure résulte un raisin plus sujet à la gelée (n° 22) et un vin de moindre qualité (n°ˢ 2, 3, 6, 9, 11). Un autre ne sait si dans la fumure il y a avantage ou inconvénient (n° 13). Un autre dit qu'il y a avantage pour la durée de la vigne, avantage pour le produit, et que l'on n'oserait affirmer que cela soit nuisible à la qualité (n° 8). Deux autres disent que la fumure ne nuit à la qualité du vin qu'autant qu'il y a excès (n°ˢ 5, 19). Un autre dit que le fumier donne en quantité, pour le produit, ce qu'il ôte en qualité; ce qui est peu important pour le gamay (n° 15). Cinq autres disent qu'il en résulte plus de fruits et moins de qualité (n°ˢ 10, 16, 17, 20, 25). Un autre fait observer que le grand fumier est contraire, en ce qu'il sert de réceptacle aux insectes (n° 21). Trois disent que le fumier est sans inconvénient (n°ˢ 4, 7, 18). Un autre, qu'il n'a que l'inconvénient de favoriser la pourriture (n° 12). Enfin, un autre dit que dans la localité on ne fume pas la vigne (n° 1).

Quels sont les engrais qui conviennent le mieux à la vigne? Comment doivent-ils être employés, et à quelle époque?

RÉPONSE. — Le fumier de vache dans les terres chaudes, le fumier de mouton ou de cheval dans les terres froides. Placer le fumier entre deux terres, et non immédiatement sur les racines; faire cette opération avant l'hiver.

*Résumé des cahiers.* — Un dit que la préférence doit être donnée au fumier de cheval, et qu'il faut l'enterrer au pied des ceps, en novembre et décembre (n° 2). Un autre parle d'une combinaison dans laquelle entrerait la potasse, ou un fumier onctueux s'il n'était pas trop cher pour son volume; enfouir fin d'automne (n° 24). Deux autres; comme la Commission (n°ˢ 14, 26). Un autre : Fumier de mouton pour les terres fortes, fumier de vache mêlé à un tiers de fumier de cheval pour les terres légères; enterrer ces fumiers en novembre et décembre, ceux qu'en enterre après l'hiver ne faisant pas moitié d'effet, et la vigne même pouvant en être altérée par les grandes chaleurs de l'été (n° 10). Deux autres ont dit : Le fumier, sans distinguer; curer les bandeaux, y mettre le fumier, couvrir de terre, et opérer la veille de l'hiver (n°ˢ 4, 12). Un autre dit : Le terreau, le répandre à la surface; colombine, engrais de grande puissance, mais l'employer avec une certaine modération (n° 9). Un autre dit : Le fumier et la boue des rues; enfouir au pied des ceps, de préférence avant l'hiver (n° 13). Un autre dit : Le fumier le plus énergique; l'employer de novembre à avril (n° 15). Un autre dit : Engrais d'étable; le répandre à la surface, et l'enterrer de suite au mois de novembre (n° 7). Un autre : Fumier; on l'enterre du 1ᵉʳ novembre au 30 avril (n° 18). Un autre : Fumier de litière, le placer en novembre dans les vignes en coteaux, en mars dans les vignes en plaine; aussi la *gène* ou marc de raisins brûlé (n° 6). Un autre : La *gène* et le fumier; quelques essais de l'engrais de M. Tilloy ont réussi : employer l'engrais avant l'hiver, dans les fosses et les provins, et surtout en plantant la vigne (n° 11). Un autre : Le fumier de mouton; il doit être mis en novembre dans les provins de l'année précédente (n° 24). Un autre : Fumier de cheval et de vache mélangé avec du marc de raisins ; le placer dans le fond des fosses lors du recouchage ( n° 3). Un autre : Le fumier ou la *gène* ; le placer dans les provins, de novembre à la pousse (n° 16). Un autre : Fumier d'étable, employé en novembre et décembre (n° 23). Un autre : Dans les terrains chauds, du fumier de vache ou de mouton mi-pourri ; dans les terres froides, du fumier de cheval ou de mouton non pourri ; dans toutes les terres, employer le fumier avant l'hiver ( n° 5). Un autre : Fumier de bétail ; l'enterrer pendant l'hiver, et sur-le-champ (n° 22). Un autre : Fumier de cheval et fumier de vache ; le placer dans une fouille de 20 c. faite au bandeau ; l'hiver est la saison la plus convenable (n° 17). Un autre : Fumier de paille, le plus chaud, employé en faisant les provins (n° 20).{Un autre : Fumier de mouton et de cheval dans les terres froides ; dans les terres chaudes, fumier de vache ; l'enterrer de novembre à la pousse (n° 25). Un autre : *Gène*, terreau, fumier bien consommé de vache ou de cheval ; l'employer avant l'hiver (n° 8). Un autre : Fumier de bêtes à cornes ; l'employer avant ou pendant l'hiver (n° 9). Un a dit : 1° Fumier de cheval ; 2° terreau et bonne terre ; 3° *gène* ou marc de raisins brûlé ; enfouir au pied des ceps, en novembre et décembre, et recouvrir de terre (n° 27). Enfin, un n'a pas répondu ( n° 1).

## CHAPITRE V.

### FABRICATION DES VINS.

### 50° Question.

Quelles sont les précautions à prendre pour la récolte des raisins et leur transport au pressoir ?

Réponse. — Vendanger autant que possible par le beau temps et après la rosée ; écarter les grains secs et pourris du raisin, les feuilles et la terre, et faire en sorte que la cuve commencée soit achevée dans le jour même.

*Résumé des cahiers.* — Tous les répondants sont d'avis qu'il faut choisir, autant que possible, un temps sec et chaud pour la cueillette. Un a dit qu'il fallait extraire des raisins les grains secs et pourris ;

un autre, les feuilles et la terre; un autre, veiller à ce que la maturité soit suffisante; un autre, finir, autant que possible, dans la journée la cuve commencée le matin, pour avoir une fermentation bien égale; un autre, couper le raisin avec des ciseaux (n° 6); un autre, en le coupant, prendre le raisin dans la main, pour ne pas laisser tomber les grains qui se détachent (n° 18); enfin, deux ont fait la réponse adoptée par la Commission (n°s 14, 26).

### 51ᵉ Question.

Le foulage avant la mise en cuve est-il une bonne opération (a)?

Réponse. — Excellente; la faire complètement, pour que la fermentation soit prompte et égale. Le cylindre à trémie, qui ne laisse passer aucun grain sans l'écraser, est un instrument dont on ne saurait trop recommander l'emploi.

*Résumé des cahiers.* — Deux répondants ont dit : Non ( n°s 1, 17); vingt ont dit : Oui; un a ajouté : L'opération faite modérément

(a) Après la fermentation tumultueuse et avant le décuvage, l'usage, même pour le cas où le raisin a été exactement écrasé lors de la mise en cuve, est de fouler, c'est-à-dire d'enfoncer la rafle, qui monte naturellement, et par l'effet de la fermentation, au-dessus de la cuve, dans le moût, qui en occupe le fond, et de les *bouliguer* ou brasser pendant l'espace d'une demi-heure à une heure, puis de laisser fermenter encore, de manière à ne décuver et porter sur le pressoir que trois, six, douze et même vingt-quatre heures après.

D'après la réponse de la Commission, on pourrait induire, au moins implicitement, que le raisin bien écrasé lors de la mise en cuve ne doit plus être soumis à un nouveau foulage après la fermentation; et, en effet, certains propriétaires ne renouvellent point cette opération avant la mise sur le pressoir. (V. Statistique de M. le docteur Morelot, p. 232 et suiv.) Ce qui prouve, suivant eux, que leur méthode est bonne et que le nouveau foulage est au moins inutile, c'est que le moût, pesé au gleucomètre *après*, reste ordinairement au même degré qu'il marquait *avant le foulage*, et qu'à la dégustation il ne reprend pas plus de douceur immédiatement *après* qu'il n'en avait auparavant.

Cependant il arrive le plus souvent que la fermentation reprend un mouvement plus marqué, et l'on pense en général que le second foulage, s'il n'est pas utile pour la qualité du vin, opère au moins en en augmentant la couleur et en le rendant plus susceptible de conservation. — C'est donc encore, parmi les propriétaires de nos pays, le plus grand nombre (on peut dire la presque totalité) qui fait fouler de nouveau quelques heures avant la mise sur le pressoir. (*Note du Rapporteur.*)

(n° 20); un a dit : Oui, pour les années tardives seulement (n° 6); un a dit que dans sa localité l'usage n'était pas de fouler avant la fermentation (n° 13); un a demandé si, en foulant quelques jours après la mise en cuve, il ne s'opérerait pas un achèvement de maturité favorable au vin (n° 3); un a dit que la première balonge devait être bien écrasée ; les autres, jusqu'au-dessus, beaucoup moins (n° 21); un autre a dit que l'opération était indispensable (n° 15); un autre a fait la réponse adoptée par la Commission (n° 14); un enfin a dit : Autrefois on ne foulait pas, et l'on faisait de bons vins. Depuis vingt-cinq ans on a foulé ; maintenant, beaucoup de propriétaires reviennent à l'ancienne méthode. Il est difficile de donner de bonnes raisons pour le foulage (n° 26).

### 52ᵉ Question.

L'égrappage est-il avantageux, et dans quelles circonstances ?

Réponse. — Dans les cas ordinaires, l'égrappage est une mauvaise opération ; il ne faut y recourir que dans les années où il n'y a pas de maturité, ou quand, le raisin ayant coulé, la grappe est restée trop volumineuse par rapport aux grains, et encore il ne faut jamais égrapper complètement, la rafle contenant une substance qui contribue à la conservation du vin (a).

*Résumé des cahiers.* — Sur les vingt-sept répondants, un a fait la réponse adoptée par la Commission (n° 14); deux ont dit : Oui, mais seulement quand la rafle domine trop, notamment par suite de la coulure, et parce que le vin peut contracter un goût de grappe (n°ˢ 10, 25); un autre a dit : Oui, quand la maturité n'est pas complète : il suffit d'égrapper moitié (n° 11); un autre : Oui, dans les années chaudes (n° 23); un autre : Oui, pour la conservation (n° 22); un autre : On égrappe les raisins qui donnent un vin âpre, dur et grossier. Des raisins égrappés dans d'autres circonstances donneraient

(a) MM. Mollerat et Delarue, à la séance du 2 octobre 1853, où le présent Rapport a été présenté et discuté, ont dit que le siége du tannin est dans le pépin du raisin et non dans la rafle, et que la rafle ne contient *qu'une matière extractive*, qui, à la vérité, lorsqu'elle est en quantité suffisante, concourt à la conservation du vin.

un vin qui n'aurait pas de durée (n° 8) ; quatre ont dit simplement : Non (n°s 1, 7, 16, 17) ; un, après avoir dit : Non , a ajouté : dans la pensée que la verdeur de la grappe sert à la conservation du vin ( n° 3) ; d'autres ont dit que les expériences avaient démontré que l'opération n'était pas avantageuse ( n°s 5 , 6 , 12) ; cinq ont dit que dans leurs localités l'égrappage n'était pas pratiqué (n°s 4, 9, 13, 15, 19) ; un autre a dit qu'on n'égrappait pas le *gamay* ( n° 2) ; un autre : L'opération est bonne ; mais nous ne la pratiquons pas ( n° 20) ; un autre a dit : L'égrappage complet est très-contraire à la conservation du vin ; accidentellement, l'égrappage partiel peut devenir nécessaire, notamment par suite de grêle ( n° 21) ; un autre : L'égrappage n'est pas avantageux ; cependant quelques propriétaires égrappent encore (n° 26) ; un autre : L'égrappage n'est pas pratiqué actuellement ; on peut cependant égrapper moitié ; le gamay, pas du tout ( n° 27).

### 53° Question.

Quelles sont les conditions nécessaires à un bon cuvage ?

RÉPONSE. — Autant que possible, une cuverie chaude, maintenue à une température de 15 degrés centigrades au moins, de 19 au plus ; quand la cuve est remplie ( on ne la remplit jamais qu'à 25 ou 30 centimètres près, pour ne pas perdre de vin pendant la fermentation ), remuer le contenu pour bien répartir la rafle dans le moût, et, aussitôt que cette rafle monte, placer dessus un couvercle qui, sans boucher la cuve hermétiquement, joigne à peu près les douves, et soit chargé de telle sorte que le chapeau descende assez pour être toujours bien imprégné de vin, sans toutefois que le vin passe par-dessus ; ne point chauffer le moût, à moins d'absolue nécessité , et jamais jusqu'à l'ébullition.

*Résumé des cahiers.* — Un a dit : Achèvement de la cuve dans la même journée, et température de la cuverie à 12 ou 15 degrés (n° 21) ; tous ou presque tous indiquent une cuverie chaude ; un a dit : Arroser avec du vin, de deux jours en deux jours, pendant le cours de la fermentation, qui doit durer au moins sept jours (n° 4) ; un autre : Il faut que le raisin soit écrasé dans la cuve et baigne dans le moût (n° 13) ; un autre veut qu'on bouche la cuve (n° 23) ; un autre : Il faut fouler le commencement de la cuvée, c'est-à-dire lorsqu'elle est au sixième, et de cette partie faire ce qu'on appelle le *levain;* ensuite niveler les raisins au fur et à mesure qu'on emplit la cuve (n° 6); un autre dit : Les principales conditions d'un bon cuvage, c'est que la cuve soit remplie le même jour, et qu'il ait lieu par une température de 15 degrés environ (n° 15); un a dit : Ecraser peu le raisin dans les années froides, et beaucoup dans les années chaudes (n° 17); un autre veut que les cuves soient bien remplies; qu'elles soient placées dans un lieu aussi chaud que possible, et qu'on les foule trois fois (n° 24); un autre veut un couvercle à claire-voie; qu'on fasse en sorte que le marc ne s'altère pas (n° 7); un autre : Qu'on foule avant de mettre sur le pressoir; un autre : Qu'on attende que la fermentation soit opérée (n° 1); un autre dit : Arrêtée (n° 2); un autre veut qu'on chauffe modérément le pied de la cuve quand elle a été commencée avec des raisins froids (n° 11); un autre, enfin : Cuves de grande capacité et bien remplies; dans les années chaudes, arroser le moût avec le vin, pour ralentir la fermentation (n° 27).

## 54ᵉ **Question.**

Quels sont les avantages et les inconvénients d'un décuvage trop prompt ou trop tardif?

Réponse. — Un décuvage trop prompt donne un vin moins coloré (a), plus sujet à fermenter longtemps dans le tonneau, d'une moindre conservation (b), mais plus délicat et plus prêt à être bu. Le décuvage trop tardif donne de la dureté au vin, lui ôte de la finesse et occasionne une petite déperdition. Le bien est de décuver quand la fermentation commence à décroître, que le moût a perdu sa douceur, et que le gleuco-

---

(a) MM. Mollerat et Delarue ont, à la même séance du 2 octobre, émis cet avis, qu'en général on s'attache trop à la couleur, non-seulement parce qu'elle doit se perdre en grande partie pour que le vin acquière toute sa qualité et arrive à son point pour être bu, mais parce que dans la couleur est le germe des principales maladies auxquelles il est exposé. A l'appui de leur opinion, ils ont cité les vins blancs, qui, suivant eux, se conservent indéfiniment.

(b) Ces mêmes membres nient que le vin peu cuvé soit pour cela d'une moindre conservation, et citent encore l'exemple des vins blancs. Ils ajoutent qu'il ne faut pas craindre que les vins nouveaux fermentent longtemps dans le tonneau.

mètre s'approche de zéro ; en somme, il vaut mieux décuver trop tôt que trop tard.

*Résumé des cahiers*. — Les cahiers répondent à peu près unanimement qu'un décuvage trop prompt donne un vin moins coloré, plus sujet à fermenter dans le tonneau, et d'une moindre conservation, mais qui est plus délicat et plus tôt prêt à être bu ; ils disent qu'un décuvage trop tardif donne au vin de la dureté, lui ôte de la finesse, et l'expose à tourner à l'acide (nos 4, 5, 9, 12, 14, 17, 24, 26).

Un a dit : Trop ou trop peu, le vin est sujet à se gâter (n° 22) ; un autre : Avec le trop, le vin aigrit ; avec le trop peu, il tombe en lie (n° 14) ; d'autres ajoutent : Avec le trop, le vin est sujet à prendre un goût de feu ou de forcé (nos 13, 20).

Un a dit : Décuvage trop prompt, vin acide ; décuvage trop tardif, vin sujet à se forcer en cuve (n° 18).

Un seul a dit que le décuvage tardif était sans inconvénient (n° 1).

Un a dit : Un décuvage trop prompt est plus préjudiciable qu'un décuvage trop tardif (n° 6).

Un a dit : Le décuvage trop prompt prédispose le vin à la décomposition rapide de ses éléments constitutifs. Ce défaut le rend bientôt vieux et susceptible de tourner à l'acide. Le décuvage trop tardif a deux inconvénients : le moindre est de rendre le vin dur pour une vente rapprochée, parce qu'il est de garde ; mais le retard à faire le vin après la fermentation close présente un grand danger : le marc, en décomposition, les vapeurs du vin ne l'humectant plus, devient acide, et un foulage en cet état perdrait tout. Alors il faut sacrifier et enlever soigneusement et jusqu'au dernier atôme toute la partie devenue âcre (n° 21) ; un autre : Décuvage trop prompt, vin faible, mais plus tôt prêt ; décuvage tardif, vin dur, de longue garde, mais moins agréable (n° 27).

Des réponses prises en masse, il résulte qu'il faut éviter le décuvage trop prompt et le décuvage tardif, en décuvant à point, c'est-à-dire quand la fermentation commence à décroître.

### 55e Question.

Quelles sont les précautions à prendre pour la mise en fût du vin fabriqué nouvellement ?

Réponse. — Choisir des vases vinaires solides, propres et de bon goût ; les remplir aux trois quarts du vin pris à la

cuve ; achever avec le vin du pressurage, à quelques doigts
près ; entonner sans retard ; couvrir de suite l'ouverture de
bonde d'une manière assez légère, pour ne pas gêner le dé-
gagement du gaz, sauf à remplir tout-à-fait et à sceller exactement avec la bonde lorsque la fermentation a complètement
cessé de se faire entendre. Quand on emploie des futailles
neuves (ce qui a presque toujours lieu pour les grands vins),
on doit se dispenser de les rincer d'avance, pour ne pas enlever, par l'eau du rinçage, le tannin que le chêne contient
et qui sert à la conservation du vin (a).

(a) Dans le cahier n° 26, fourni par Chambolle, on s'est posé cette question : *Les grands vases ou foudres conviennent-ils mieux que les tonneaux
plus généralement en usage?*

Et en marge, on a fait la réponse suivante :

*Les vases de 2 hectolitres 28 litres, ou autres de capacité à peu près
semblable, avancent le vin plus vite que les très-grands. Par conséquent,
les foudres sont bons pour conserver les vins longtemps.*

Nous avons entendu contester cette conséquence par un propriétaire de
*la Côte*, dans l'exploitation duquel on fait usage de grands foudres depuis
cinquante ans ; il prétend que c'est dans ces vases que l'influence de la
haute température extérieure se fait le plus sentir, et que les vins qu'ils
contiennent *travaillent* et *poussent* le plus : tellement que c'est dans des
tonneaux qu'il est obligé de placer, en définitive, les vins qu'il veut conserver longtemps.

Voici les raisons qu'il donne : Dans les caves dont la hauteur de voûte, la
profondeur en terre, ou l'épaisseur des murs ne sont pas tout-à-fait excep-
tionnelles, la fraîcheur ne se maintient que dans les couches d'air qui se
rapprochent du sol, et la température est sensiblement plus élevée dans
celles qui se rapprochent de la voûte ; or, dans nos caves, telles qu'elles sont
établies généralement, même chez les propriétaires aisés, les grands foudres,
par leur sommet, atteignent presque aux voûtes, et par conséquent aux couches d'air supérieures, tandis que les tonneaux, beaucoup moins élevés, res-
tent entièrement dans les couches qui participent le plus de la fraîcheur du
sol. De là, suivant ce propriétaire, la disposition des vins en foudres à fermenter plus tôt et plus longtemps que les vins placés en tonneaux dans la
même cave.

Les partisans de l'opinion contraire, il faut le dire, sont infiniment plus
nombreux ; ils soutiennent qu'en foudres le vin est, par sa masse et par les
douves épaisses qui l'enveloppent, plus à l'abri de l'influence de l'air exté-
rieur que s'il était réparti dans des tonneaux. Ils ajoutent que cela résulte
même de cette observation sur laquelle tout le monde est d'accord : c'est que,
proportionnellement, les vases vinaires *usent* d'autant moins qu'ils sont de
plus forte dimension.

Quant à l'économie résultant de l'emploi des foudres, sous le rapport des
frais de reliage, et à la facilité qu'on a de placer dans le même espace su-

*Résumé des cahiers.* — La réponse ci-dessus résume à peu près les réponses des cahiers. Un seulement a dit qu'il fallait laver et mêcher légèrement avant d'entonner (n° 7); un autre a dit qu'il fallait des fûts qui eussent servi (n° 13); un a dit : Futailles neuves ou vieilles, si elles ont bon goût et ne coulent pas, ne pas les rincer avant d'y mettre le vin nouveau (n° 35); deux sont également d'avis que le vin nouveau doit être mis dans des futailles sèches (n°s 5, 12), c'est-à-dire sans y passer de l'eau; un ajoute que le bois absorbant le liquide, c'est comme si l'on mettait de l'eau dans le vin (n° 26) (a).

## 56° Question.

Le sucrage des vins est-il une opération avantageuse, et dans quelles circonstances? Comment doit-on procéder à cette opération?

perficiel deux ou trois fois plus de vin que si l'on employait des tonneaux, elles sont incontestables.

Malgré tous ces avantages, les foudres ne peuvent guère être employé que dans des exploitations un peu considérables, ou dans les années d'abondance. Indépendamment de ce qu'ils ne peuvent pas sortir des caves sans être démontés, et qu'ils sont exposés, à cause de l'humidité, à contracter de mauvais goûts quand, étant remplis, ils ne sont pas l'objet de soins assez minutieux et souvent répétés, ils ne sont pas d'un usage aussi commode que les tonneaux, faciles à manier et à déplacer, et auxquels il faut toujours avoir recours en cas de vente, ce qui devient souvent d'un embarras extrême. En effet, quand il s'agit de détailler ou de soutirer un foudre, on conçoit la difficulté que doivent éprouver de petits propriétaires à trouver, dans le même moment, quinze ou vingt tonneaux *frais vides* et de bon goût, pour placer le vin.

Ce qui nous a paru avantageux dans les exploitations petites et moyennes et pour les vins ordinaires, c'est l'emploi de tonnes cerclées en fer, contenant de 5 à 6 hectolitres; elles peuvent être maniées, sorties de la cave, rincées à la chaîne et emmagasinées comme des tonneaux. D'une contenance restreinte, elles ne donnent pas lieu aux embarras dont nous venons de parler, et peuvent réaliser en grande partie les économies qui résultent de l'emploi des foudres de forte dimension.

Pour les vins de qualité supérieure, qui, d'habitude, sont vendus avec leurs futailles, et dont ils ne peuvent guère être séparés sans inconvénient avant la mise en bouteille, leur placement en tonneaux neufs au sortir de la cuve et du pressoir est et paraît devoir être longtemps d'un usage général en Bourgogne. (*Note du Rapporteur.*)

(a) Pour ne pas s'exposer à voir couler les tonneaux neufs, il suffit de les placer, deux ou trois jours avant de s'en servir, dans un lieu frais, après avoir fait d'abord rebattre les cercles.

RÉPONSE. — Le sucrage, auquel on a renoncé généralement, est une mauvaise opération toutes les fois que la maturité est suffisante. Si l'on est obligé d'y avoir recours, il faut sucrer en cuve, avant toute fermentation, et ne pas mettre plus d'un kilogramme et demi de sucre par pièce (2 hectolitres 28 litres) et par chaque degré manquant au moût, d'après l'instrument, comparativement au moût des bonnes années.

*Résumé des cahiers.* — Quatorze répondants ont dit que dans leurs localités le sucrage n'était pas connu (nᵒˢ 1, 2, 4, 5, 6, 8, 9, 12, 13, 16, 17, 18, 19, 20); sept ont dit qu'il était sans avantage (nᵒˢ 5, 7, 10, 15, 23); sept ont dit qu'il était avantageux dans les années froides et tardives (nᵒˢ 3, 11, 14, 21, 22, 24, 25); quatre ont dit qu'il fallait sucrer en cuve et avant la fermentation (nᵒˢ 3, 11, 22, 24); un autre a dit qu'il fallait sucrer en tonneau, au moment où l'on entonnait le vin encore chaud (nᵒ 21); un a dit : Le sucrage, auquel on a renoncé généralement, est une mauvaise opération dans les années où la maturité est suffisante (nᵒ 14); un a dit simplement que dans sa localité le sucrage a été abandonné (nᵒ 27); un autre, enfin, dit que le sucrage donnant de la force et de la durée au vin, et lui ôtant de l'agrément et du bouquet, il y a commercialement avantage ou désavantage de sucrer, selon qu'on veut avoir du vin plus solide ou plus agréable; le même ajoute que, généralement, c'est en cuve qu'il faut sucrer (nᵒ 26).

---

# CHAPITRE VI.

## QUESTIONS CONCERNANT LA MALADIE DE LA VIGNE.

A l'égard des quatorze questions contenues dans le chapitre VI du Questionnaire (a), la Commission a pensé que les

(a) Ces questions étaient celles-ci :

57ᵉ. Dans quelles localités et à quelle époque a-t-on observé les premiers symptômes de la maladie de la vigne?

58ᵉ. Quels sont les principaux caractères de la maladie?

59ᵉ. Les premiers effets ont-ils été observés sur les treilles et les hautains?

réponses devaient être ajournées, pour donner aux observations qu'on fait encore en ce moment et qu'on fera jusqu'à la fin de la saison sur la maladie de la vigne, le temps de se produire complètement.

La Commission fait observer, au surplus, que dans le département la maladie ne s'est guère manifestée jusqu'à présent que sur les treilles, et que si quelques symptômes ont été remarqués dans le vignoble proprement dit, ce n'est que dans quelques rares localités, et dans des vignes basses et de gros plants. — Aussi, les cahiers des communes consultées n'ont fourni que des réponses très-peu nombreuses et sans véritable importance; le plus grand nombre même s'en est entièrement abstenu.

60e. La maladie a-t-elle ensuite envahi les vignobles?

61e. Quelles sont les parties des vignobles où la maladie sévit ou menace de sévir? sont-elles situées en plaines où en coteaux? Ces vignobles sont-ils paisselés ou cultivés en hautains avec ou sans cultures intermédiaires? Les vignes très-cultivées, très-chargées d'engrais, n'ont-elles pas été les premières atteintes par le terrible fléau?

62e. Tous les cépages sont-ils également malades? y en a-t-il qui résistent davantage à l'invasion de l'oïdium?

63e. Le bois n'atteignant pas la maturité dans les vignes malades, il est essentiel de constater cette année l'état du sarment dans chaque vignoble, comme encore de s'assurer si les raisins tardifs, dits *recoquets*, ont été atteints.

64e. A-t-on observé que l'orientation des treilles ou des vignobles a une influence sur l'invasion ou la marche de la maladie?

65e. A-t-on remarqué quelque altération dans le vieux bois et les racines des vignes malades?

66e. Quels moyens préventifs ou curatifs ont-ils été essayés contre le mal, soit sur les treilles, soit dans les vignobles?

67e. A-t-on eu recours à l'emploi des dissolutions de sulfate de calcium ou de sulfate de fer? a-t-on essayé l'eau de chaux, la poussière de chaux vive, ou du plâtre?

68e. A-t-on pratiqué, comme moyen préventif, une incision sur le vieux bois? ou bien, encore, a-t-on tenté de tailler long et tardivement, ou de modifier la manière de cultiver du pays?

69e. Donner des détails sur les résultats plus ou moins heureux que l'on a pu obtenir de l'emploi de ces moyens.

70e. Décrire les autres essais que l'on aurait pu faire, en indiquant quels en ont été les effets.

Lecture a été faite d'abord du travail qui précède, à la séance du Comité du 2 octobre 1853, présidée par M. Détourbel.

Puis l'assemblée, revenant sur chaque question en particulier, a adopté successivement, et sauf quelques légères modifications, les réponses préparées par la Commission.

Le Comité, qui, de même que celle-ci, ne pense pas que les solutions qu'il présente comme les meilleures soient à l'abri de certaines critiques, et qui ne donne, au contraire, son travail que comme une œuvre préparatoire très-susceptible d'amélioration, a décidé qu'il serait imprimé et répandu de manière à provoquer l'examen, les observations et même la contradiction de tous les hommes qui veulent sincèrement le progrès de la viticulture et de la vinification.

(Ext. du *Journal d'Agriculture*, publié par le Comité central d'agriculture de la Côte-d'Or.)

www.ingramcontent.com/pod-product-compliance
Lightning Source LLC
Chambersburg PA
CBHW071322200326
41520CB00013B/2854